Unser erstes Salzteigbuch erschien unter dem Titel „Puppenkurs“. In diesem Buch sind ausschließlich Salzteigpuppen in ihrer ganzen Vielfalt beschrieben.

In vielen Briefen und Gesprächen wurde uns immer wieder bestätigt, daß man nach unseren Schritt-für-Schritt-Methoden sehr gut arbeiten kann. Die Erfolgserlebnisse spornten unsere Leser an, ihre eigenen kreativen Ideen zu verwirklichen. Da sich im Laufe der Zeit auch unsere Kreativität weiterentwickelte und Leser immer wieder nach der Herstellung unserer neuen Salzteiggebilde fragten, haben wir nun diese Ideen in einem neuen Buch zusammengefaßt. Wir wünschen uns, daß Sie an diesem Buch viel Freude haben und hoffen, daß unsere Erklärungen so ausführlich sind, um Ihre Begeisterung zu wecken und Sie beim Umgang mit Salzteig zu eigener Kreativität anzuregen.

Viel Spaß wünschen Heide und Iris

Teig-Rezept:

1 kg Mehl
1 kg Salz
2 Eßl. Kleister
(Metylan lila mit Kunstharz)
600 ml Wasser
mit 2 Eßl. Öl

Auflage: 5. 4. 3. 2. Letze Zahlen
Jahr: 1989 88 87 86 85 maßgebend

ISBN 3-7724-1002-2 · Best.-Nr. 1002

frech-verlag
GmbH + Co. Druck KG Stuttgart
Druck: Frech, Stuttgart 31

Text und Modelle
Iris Buresch, Zypressenweg 26,
7500 Karlsruhe 31
Heide Psotka, Hochstetter Weg 5
7513 Stutensee/Spöck

Zubereitung: In einer großen Plastikschüssel werden zuerst das Mehl mit dem Salz und dem Kleister gut vermischt. Dann gibt man in einen Meßbecher zwei Eßl. Speiseöl und füllt bis 600 ml mit kaltem Wasser auf. Jetzt wird das Gemisch mit der Flüssigkeit solange verknetet, bis das Ganze als kompakte Masse aus der Schüssel gehoben werden kann. Diese Masse teilt man in vier Teile und knetet jedes Teil einzeln mit sauberen, trockenen Händen kräftig durch. Der Teig soll zum Schluß die Konsistenz einer guten Modelliermasse haben und nicht an den Händen kleben. Um den Teig vor dem Austrocknen zu schützen, legt man die im Augenblick nicht zur Verarbeitung benötigte Menge in eine Plastiktüte.

Modellieren: Zuerst legt man Alufolie oder Backpapier auf das Backblech. Die Salztteiggebilde werden direkt auf dem Backblech modelliert. Teile, die aneinanderkleben sollen, werden leicht mit Wasser angefeuchtet. Abstehende Teile können mit Alufolie abgestützt werden.

Backen: Salztteiggebilde haben eine unterschiedlich lange Backzeit. Sie richtet sich nach der dicksten Stelle des Teiles und kann 6–10 Stunden betragen. Nach dem Modellieren schiebt man das Backblech auf der untersten Schiene in den Herd und bäckt zunächst bei 100°. Es empfiehlt sich, die Backofentür für einen Spalt offen zu lassen, um die Feuchtigkeit entweichen zu lassen. Ist das Salzteiggebilde an der Oberfläche gleichmäßig hell abgetrocknet, besonders in den Vertiefungen, schaltet man den Backofen auf 150°. Bei Salztteigszenen, die sich über das gesamte Backblech erstrecken, sollte die Temperatur jeweils um 50° niedriger angesetzt werden, um ein Wölben des Gebildes zu verhindern. Dadurch ver-

längert sich natürlich die Backzeit. Um später feststellen zu können, ob das Salzteiggebilde durchgetrocknet ist, benötigt man eine Stricknadel aus Metall. Mit dieser Stricknadel klopft man auf der Rückseite des Teiles zuerst gegen die dünnste Stelle, von der man annimmt, daß sie bestimmt durchgetrocknet ist. Den Ton, den das Klopfen erzeugt, prägt man sich ein. Nun klopft man gegen die dickste Stelle. Wird der Klopfton hier etwas dumpfer, so ist das Teil an dieser Stelle noch nicht durchgebacken. Ein fertig gebackenes Salztteiggebilde erzeugt überall den gleichen Ton.
Nach dem Backen legt man die Teile zum Abkühlen auf einen Rost.

Grillen: Das Übergrillen im Backofen verleiht den Salzteigszenen ein plastischeres Aussehen. Es gibt verschiedene Effekte, die man dabei erzielen kann. Legt man das fertiggebackene und abgekühlte Salzteigstück auf die oberste Schiene unter den vorgeheizten Grill, so erreicht man eine dunkel-hell Bräunung von oben nach unten. Dieser Effekt eignet sich besonders für Körbe, Kränze, Hüte und dergl. Bestreicht man das Salzteiggebilde mit Kondensmilch (man verwendet dazu einen Backpinsel), so erreicht man eine fleckige Bräunung. Dieser Effekt eignet sich besonders für Bäume, Fenster, Türen und dergleichen. Bevor man mit dem Bräunen beginnt, bedeckt man alle Stellen, die entweder hell bleiben sollen oder anschließend bemalt werden, mit Alufolie. Während des Bräunungsvorgangs, den man dauernd kontrollieren muß, kann man fertig gebräunte Stellen ebenfalls mit Alufolie abdecken. Dadurch erreicht man eine optimale Bräunung an allen Stellen.

Bemalen: Zum Bemalen eignen sich alle Wasserfarben. Die schönsten Farbtöne bieten Aquarellfarben. Man kann auch Acryl-Farben (Bauernmalerei) verwenden. Diese Farben haben eine besonders gut deckende Wirkung.

Lackieren und Verzieren: Salzteiggebilde sollten immer zweimal lackiert werden. Dadurch werden die Poren verschlossen und die Figur vor Feuchtigkeit geschützt. Als Lack eignet sich gewöhnlicher Klarlack (kein dünnflüssiger Bastellack), den man in Hobby- oder Baumärkten bekommt. Diesen Lack gibt es hochglänzend oder matt.

Zum Verzieren der Salzteigszenen eignen sich getrocknete Blumen (Immortellen) und Gräser, Getreide, Ähren, Gewürznelken, Moos, Petersilie, Spitzen und ähnliches. Außer Gewürznelken und Petersilie werden alle Verzierungen nachträglich mit Alleskleber, z. B. Uhu, aufgeklebt. Gewürznelken steckt man vor dem Backen in den Salzteig, Petersilie streut man auf die zweite, noch feuchte Lackschicht.

Kleben: Zum Zusammenkleben von Salzteigstücken, oder Stabilisieren von Verbindungen, eignet sich am besten ein Zweikomponentenkleber (z. B. Stabilit-express).

Modellieren einer Baumszene mit Gärtner

1. Den Teig auf einer sauberen Unterlage auswellen. Die Baumkrone ca. 30 cm hoch und 26 cm breit ausschneiden. Mit den Fingern die Vertiefungen eindrücken.

2. Der Stamm entsteht aus einer ca. 4 cm starken und 33 cm langen Teigrolle. Auf ca. 15 cm wird die Teigrolle in der Hälfte gespalten und wie abgebildet auf die Krone gelegt.

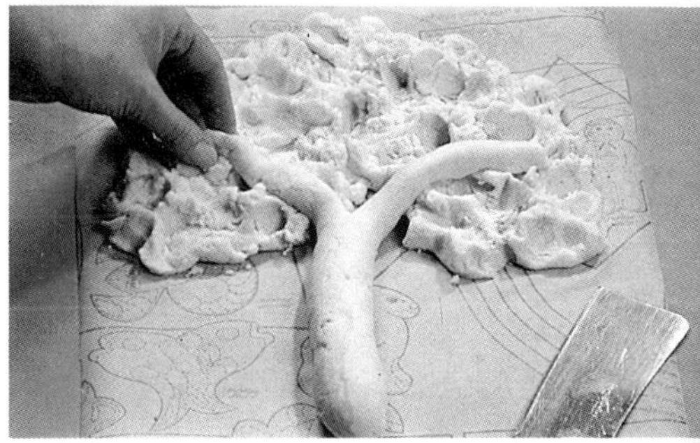

3. Den Baumstamm etwas flachdrükken und in die gewünschte Form bringen. Mit der Messerspitze die Rinde einkerben. Dabei sollten die Kerben nicht zu gleichmäßig sein.

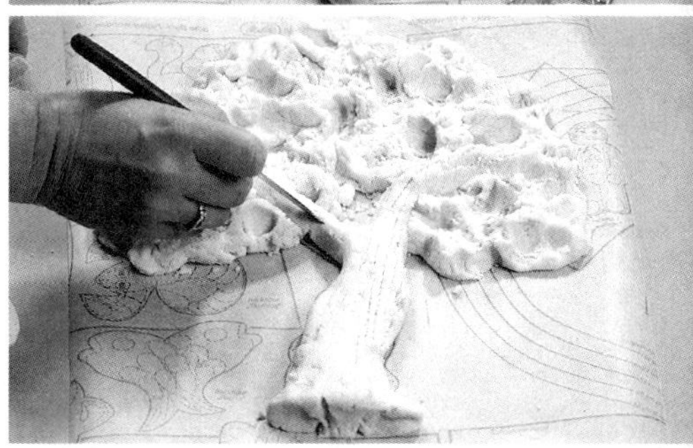

4. Der Boden wird aus einem ca. 33 cm langen Teigstück gebildet, in das, wie bei der Baumkrone mit den Fingerspitzen Vertiefungen eingedrückt werden. Beim Ansetzen an den Stamm die Verbindungsstelle gut festdrücken.

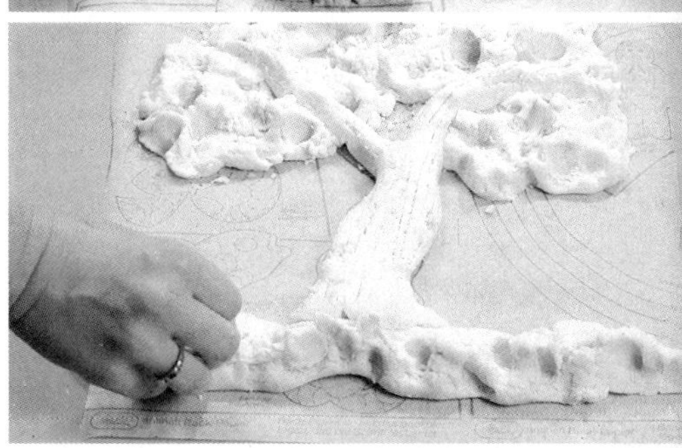

5. An der Baumkrone und am Boden die Stellen, auf welche die Figur aufgesetzt wird, flachdrücken.

6. Die Figur wird aus einem ca. 12 cm langen, 5 cm breiten und 2 cm dicken Teigstück modelliert. Die Hosenbeine werden auf ca. 5 cm Länge in der Mitte eingeschnitten.

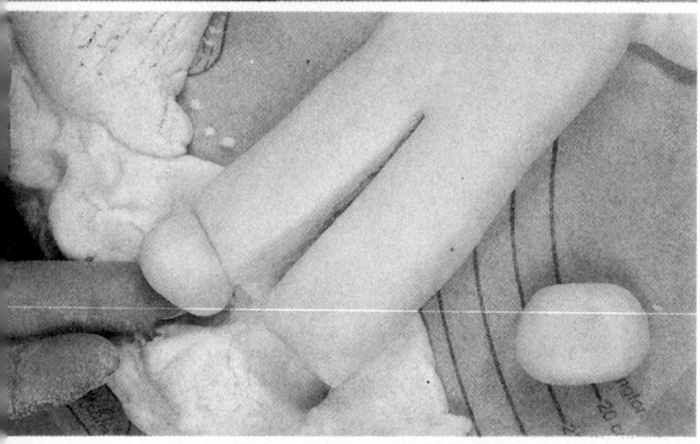

7. Als Füße formt man zwei eiförmige Kugeln, die fest an die Hosenbeine angedrückt werden.

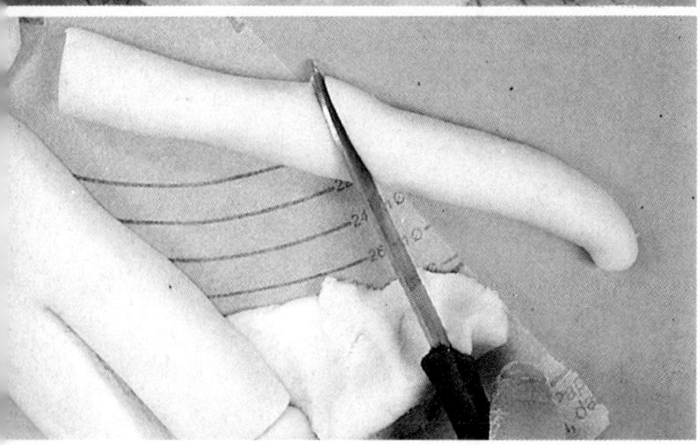

8. Die Arme aus einer Rolle von ca. 2 cm Dicke formen. Zwei 6,5 cm lange Stücke, wie auf der Abbildung gezeigt, abschneiden. Das eine Ende hat einen geraden, das andere einen schrägen Schnitt.

9. An dem linken Arm wird eine Hand eingearbeitet. Zuerst das eine Ende der Armrolle etwas dünner ausrollen, flachdrücken und die Finger einschneiden. Danach werden die Arme an dem Körper angesetzt.

10. Der Kopf wird als Kugel geformt, deren Oberfläche sehr glatt sein sollte, um die Bemalung zu erleichtern. Beim Formen des Kopfes auf die Proportion achten.

11. Die Haare entstehen aus einer oval geformten Teigplatte. Vor dem Aufsetzen, die Haarstruktur mit dem Messer anritzen.

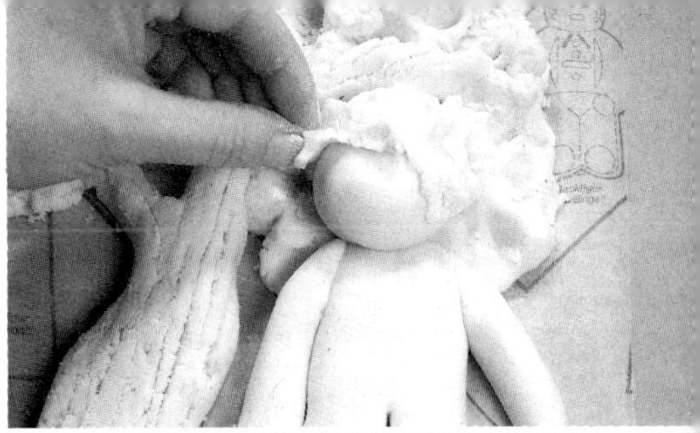

12. Der Hut wird aus einer dünnen Teigplatte, wie abgebildet, ausgeschnitten. Die Struktur wird vorsichtig mit einem Messer kreuzförmig eingedrückt.

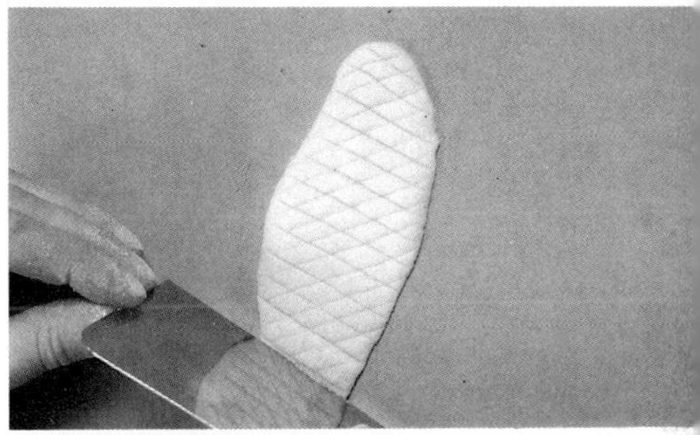

13. Beim Aufsetzen des Hutes die Krempe etwas in Wellen legen.

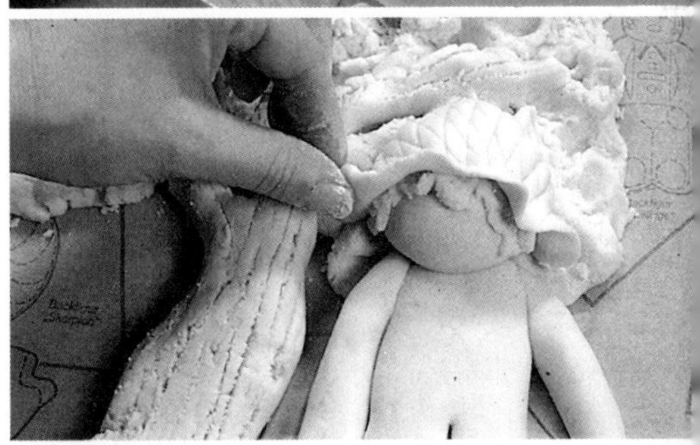

14. Für das Hutband wird eine dünne Rolle geformt, flachgedrückt und auf den Hut gesetzt.

15. Aus einer langen, ca. 1,5 cm dicken Teigrolle werden sechs 8 cm lange Stücke für den Zaun geschnitten.

16. Genau in der gleichen Art werden die zwei Querlatten gefertigt. Vor dem Aufsetzen des Zauns werden die flachgedrückten Stellen am Baum noch einmal gut angefeuchtet. Der rechte Arm der Figur wird wie abgebildet unter den Zaun gelegt.

17. Der linke Arm wird auf den Zaun aufgelegt. Ein flaches, dünnes Teigstück wird als Hemdmanschette aufgesetzt.

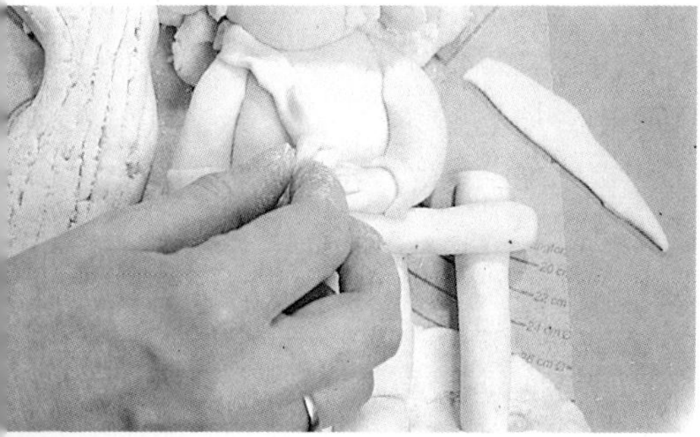

18. Der nächste Schritt ist das Modellieren des Schals. Dieser besteht aus zwei Teilen, die aus einem flachen Teigstück ausgeschnitten werden. Wie abgebildet auflegen und in Form drücken.

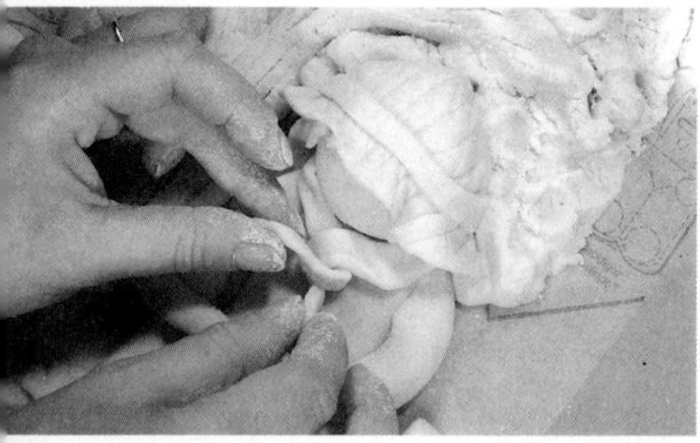

19. Die beiden Schalstücke werden um einander geschlungen.

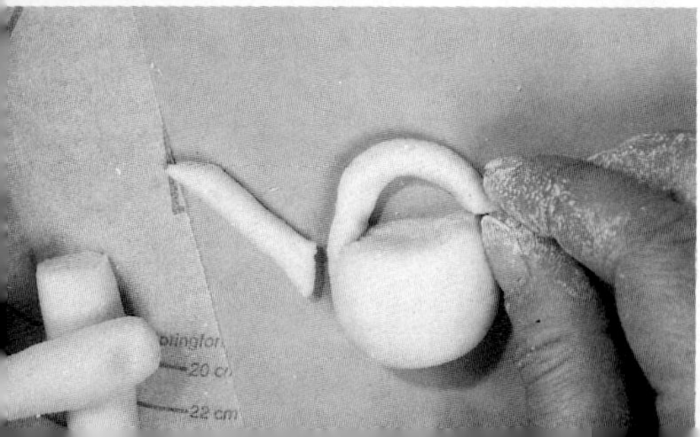

20. Die Gießkanne wird aus einer Kugel, die etwas flachgedrückt wird, geformt. Zwei kleine Teigrollen werden als Henkel und Schnaupe angesetzt.

21. Der Korb unter dem Baum entsteht ebenfalls aus einer flachgedrückten Kugel. Der wellige Rand wird mit den Fingern aus dem Material herausgezogen. Die Äpfel sind kleine Kugeln, in die mit einem Zahnstocher Löcher eingestochen werden. Bevor der Korb aufgesetzt wird, die Stelle etwas flachdrücken und anfeuchten. Wichtig ist, daß der Korb richtig im „Gras" steht. Jetzt können die Äpfel aufgesetzt werden.

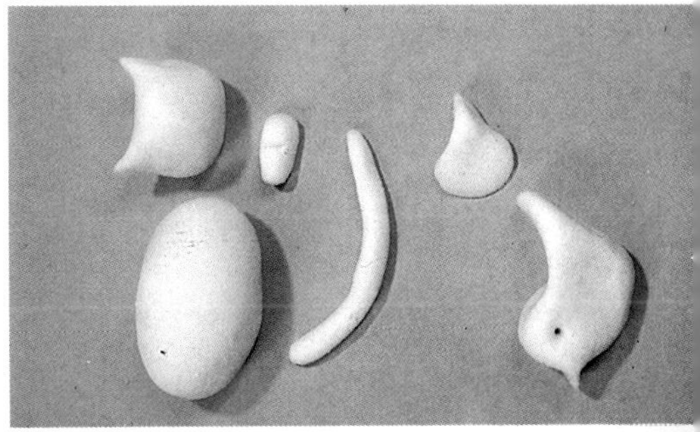

22. Die Katze und der Vogel werden wie abgebildet modelliert.

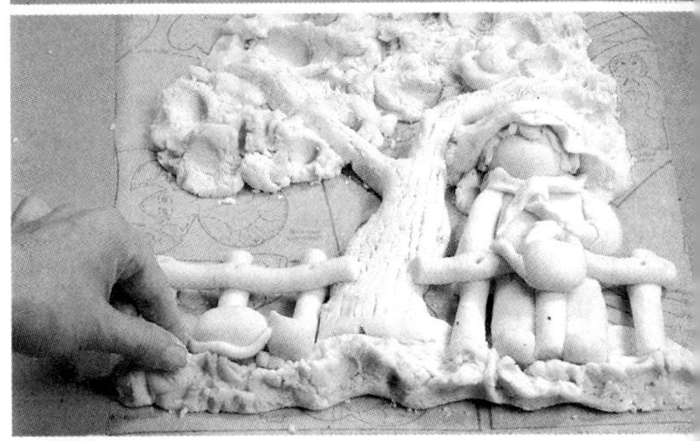

23. Teile der Katze aneinandersetzen und unten vor den Zaun legen. Zum Schluß mit den Fingerspitzen den Boden von unten an die aufgesetzten Figuren drücken, damit sie nicht in der Luft hängen.

24. Kleine Äpfel formen, auf den Baum aufsetzen und Löcher einstechen. Die Äpfel vor dem Aufsetzen anfeuchten.

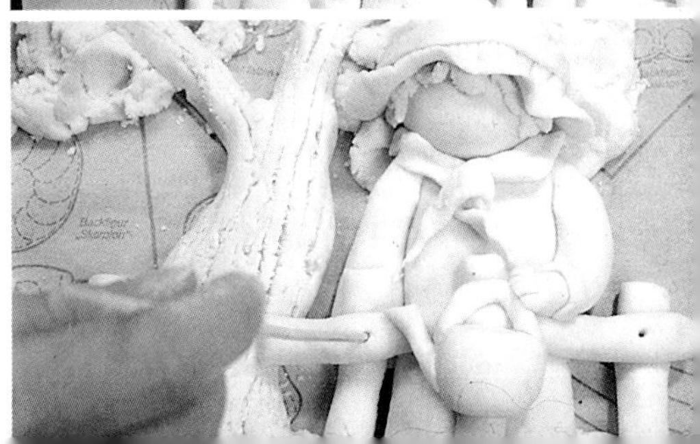

25. In den Zaun an den Verbindungsstükken zwischen Quer- und Längslatte ebenfalls kleine Löcher einpieksen.

26. In die Löcher der Äpfel werden die Gewürznelken mit dem breiten Ende nach oben hineingesteckt.
Danach kann der Baum bei max. 50° C Anfangstemperatur gebacken werden. Wenn die Oberfläche gut abgetrocknet ist, kann die Temperatur auf 100° C erhöht werden. Die Backzeit beträgt ungefähr 12 St. Die niedrige Anfangstemperatur ist bei Gebilden mit einer großen Platte wichtig. Wird die Temperatur zu hoch eingestellt, wölbt sich die Platte.

27. Nach dem Backen den Baum abkühlen lassen. Die höchsten Stellen mit Kondensmilch bestreichen (nicht die Äpfel). Die Figuren mit Alufolie abdekken und den Baum übergrillen. (Beschreibung Seite 2)

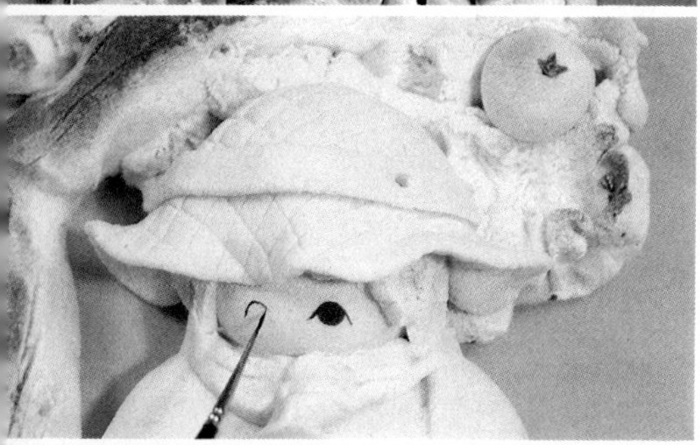

28. Für das Aufmalen des Gesichts einen Rotmarderhaarpinsel der Größe 1 verwenden. Es ist ratsam, vorher auf einem Stück Papier zu üben. Zuerst werden die Augenbögen und die Pupillen gemalt.

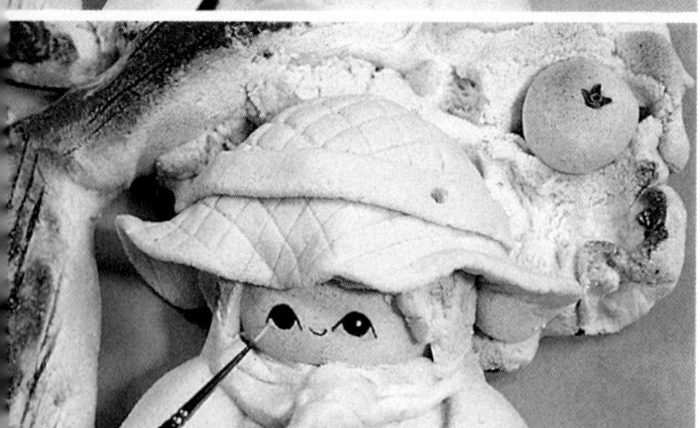

29. Die Ecken mit weißer Farbe ausfüllen und in die Pupillen einen Punkt setzen. Die Nase ist ein kleiner Bogen. Sollte es nicht auf Anhieb klappen, kann das Gemalte mit einer Messerspitze wieder abgekratzt werden.

30. Der Mund wird in einem kräftigen Rot gemalt, wobei die Oberlippe stärker betont wird. Zum Schluß werden die Bäckchen und die Sommersprossen aufgemalt.
Weitere Bemalung sowie das Lackieren und Verzieren Seite 2.

Verschiedene Baummotive

Aus der zuvor beschriebenen Schritt-für-Schritt-Folge können auch mit etwas Fantasie andere Baummotive entstehen. (s. nächste Seite)

Die einfachste Variante, nämlich nur ein Baum, ist ein ideales Motiv, das man auch mit Kindern erarbeiten kann.

Ein hübsches Geschenk für Katzenliebhaber ist das zweite Motiv. Die Katzen werden aus den Teilen (Beschreibung Seite 9, Bild 22) zusammengesetzt.

Bei den folgenden Motiven wird ein Boden am Stamm befestigt (Seite 4, Abb. 4). Auf diesen Boden können dann Leiter, Handwagen, Schafe und dergleichen aufgesetzt werden.

Eine besonders dekorative Variante ist das oben gezeigte Wandbild mit zwei Bäumen, Wäscheleine und einer einfachen Figur. Bei dieser Szene ist zu beachten, daß die Bäume an der Krone und am Boden eine feste Verbindung haben. Die Wäsche wird aus buntem Filz zugeschnitten und mit Filzschreiber bemalt. Seil und Wäsche werden aufgeklebt.

Mädchen am Brunnen

Dieses Bild erinnert an die gute alte Zeit, als die Wäsche noch am Brunnen gewaschen wurde.

Der Brunnen wird aus flachgedrückten Salzteigkugeln zusammengesetzt. Das Mädchen wird wie folgt aufgebaut:

1. Für den Unterbau formt man zwei gleichlange Teigrollen, die neben dem Brunnen aufgelegt werden. Die Länge der Rollen entspricht der Größe der Figur ohne Kopf. Man achte auf eine gebeugte Haltung. Aus einer dünn ausgewellten Teigplatte schneidet man ein trapezförmiges Stück als Kleid aus. Dieses Kleid wird mit schwungvollem Faltenwurf auf die Beine aufgelegt und entsprechend der Kleiderform modelliert. Für den Arm wird eine Rolle geformt und in entsprechender Länge zugeschnitten. Das eine Ende mit geradem, das andere mit schrägem Schnitt. Der Arm wird mit der schrägen Schnittkante aufgesetzt und in die gewünschte Haltung gebracht. Über die Schulter fällt eine kleine Pellerine. Zum Schluß setzt man Kopf, Haare und Hut auf. Damit die Figur nicht abbrechen kann, sollte sie mit Brunnen und Baumkrone verbunden werden.

Kinderidylle im Garten

Über diese fröhliche Salzteigszene freuen sich alle Kinder. Es ist eine gelungene Dekoration für jedes Kinderzimmer und eine Herausforderung für jeden Salzteigfreund. Ein Gebilde in der Größe eines ganzen Backblechs zu modellieren und dabei der Fantasie freien Lauf zu lassen, ist schon einen Versuch wert. Auch ein Kindergarten würde sich über solch ein Geschenk freuen.

Türszene

Diese Türszene zeigt die unbegrenzten Möglichkeiten mit Salzteig zu arbeiten. Viele Dinge des täglichen Lebens lassen sich so umsetzen. Der besondere Reiz dieser Gebilde liegt in der Natürlichkeit des Materials.

Schritt-für-Schritt-Türszene

1. Ein größeres Stück Teig 1 cm stark auswellen. Mit einem längeren Messer ein rechteckiges Stück von 11 auf 14 cm ausschneiden. Vorsichtig kleine Rillen wie abgebildet eindrücken.

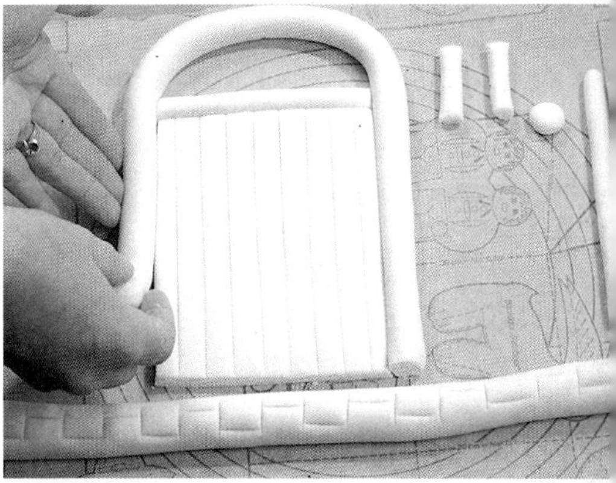

2. Nun werden aus Teig verschieden starke Rollen geformt, zugeschnitten und angesetzt. Wichtig ist, daß das Rechteck vor dem Ansetzen an den Kanten gut angefeuchtet wird. In das Bodenstück ein Pflastermuster eindrücken.

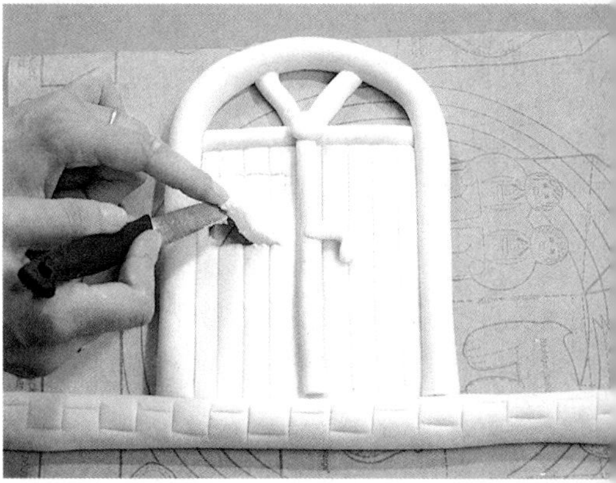

3. Das Fenster in der Tür wird mit einem spitzen, scharfen Messer ausgeschnitten.

4. Für den Kinderwagen wird aus einer Teigplatte mit Hilfe eines Glases eine Scheibe ausgestochen. Anschließend wird das obere rechte Viertel mit einem Messer weggeschnitten. Die Falten des Verdecks werden strahlenförmig eingedrückt. Die Räder entstehen aus zwei gleich großen, flachgedrückten Kugeln, in die Kerben als Speichen eingedrückt werden. Auf den Mittelpunkt des Rades setzt man eine kleine Kugel. Die Zudecke besteht aus einem flachen ovalen Teigstück.
   Den Wagen an den Boden ansetzen und mit den Rädern eine Verbindung zwischen Boden und Kinderwagen herstellen (gut anfeuchten).

5. Aus einem würfelförmigen Salzteigstück, das an der Vorderseite mit dem Messer eingeritzt wird, einen Blumenkübel formen und diesen neben der Tür verzieren. Mit einem Zahnstocher in dem Blumenkübel ein größeres Loch einstechen (zum späteren Einkleben der Blumen). Zwischen Tür und Kinderwagen wird eine kleine Katze gesetzt.

6. Der kleine, vorwitzige Junge entsteht aus drei Teilen, einer Kugel, einer Haarplatte und einem Arm mit anmodellierter Hand.

7. Zuerst den Arm wie abgebildet am Türrahmen vorsichtig andrücken. Dann den Kopf mit Haarplatte ansetzen.

8. Die kleinen Steine werden aus Teigstücken geformt. Dabei ist nur zu beachten, daß nicht ein Stein wie der andere aussieht.
Die liegende Katze vor der Tür ist auf Seite 9, Abb. 22, beschrieben.

9. Nach dem Backen, werden die Teile wie Türrahmen, Griff, Boden und Steine mit Kondensmilch bestrichen. Die Figur, der Kinderwagen und die Katzen werden mit Alufolie abgedeckt, und das Teil gegrillt bis es die gewünschte Bräunung erreicht hat.

Türvariationen

Wie diese Türe entsteht, wird in der Schritt-für-Schritt-Folge beschrieben. Rechts und links wird ein Blumenkübel aufgesetzt. In die Mitte des Kübels einen Zahnstocher stecken und von oben eine Salzteigkugel aufsetzen. Nach dem Backen und Lackieren werden die Kugeln mit getrocknetem Moos und weißen Blüten beklebt. Die Gardine wird von hinten auf Türrahmen und Fenster aufgeklebt.

... 18, 19, 20 – ich komme!

Eine weitere Variante der Türszenen wird erreicht durch Hinzufügen eines Baumes und Aufklappen der obersten Türhälfte. Die versteckspielenden Kinder geben dieser Szene ihren besonderen Reiz.

Abendstille

Ein ideales Geschenk für ältere Menschen, die sich noch an die Zeit erinnern können, als es noch kein Fernsehen gab und man den Abend nach getaner Arbeit vor der Haustür genoß.

Wenn Oma strickt, hält Opa ihr die Wolle, raucht genüßlich sein Pfeifchen und freut sich auf den neuen Pullover.

So wird das Fenster modelliert.

1. Aus einer 1,5 cm dicken Teigrolle ein 20 cm langes Stück auf die Backfolie legen, und mit dem Messer wie auf der Abbildung einkerben.

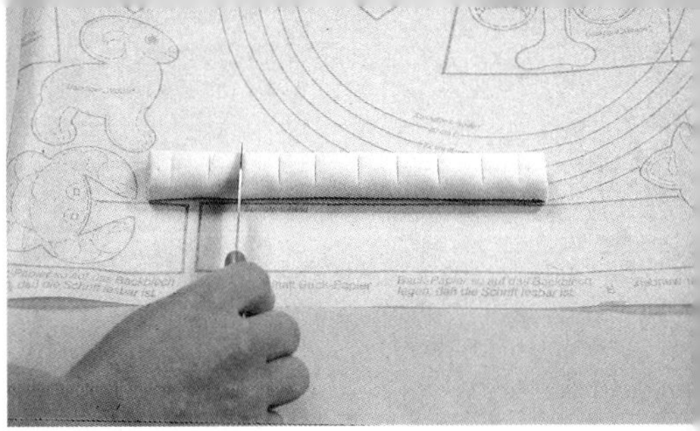

2. An diese Rolle anstoßend (Verbindungen mit Wasser gut zusammenfügen) 3 Rollen in Überlänge im rechten Winkel nach oben legen. Die äußeren Rollen sind etwa 1 cm dick, die mittlere ist etwas dünner.

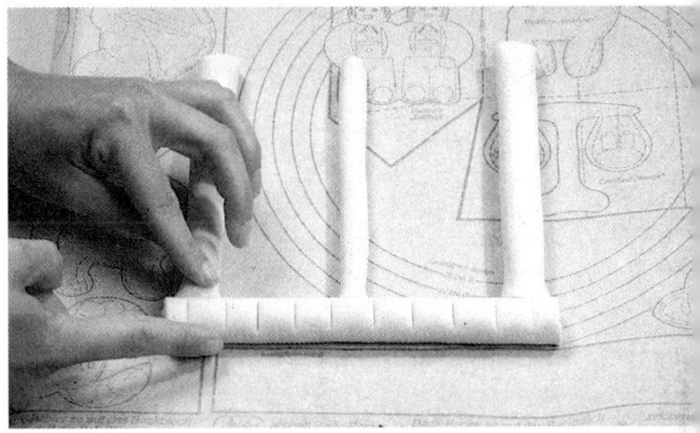

3. Aus einem ca. 1 cm dick ausgewellten Teigstück die beiden Oberkörper der Puppen ausschneiden. Das Größenverhältnis ist in Abb. 4 ersichtlich.

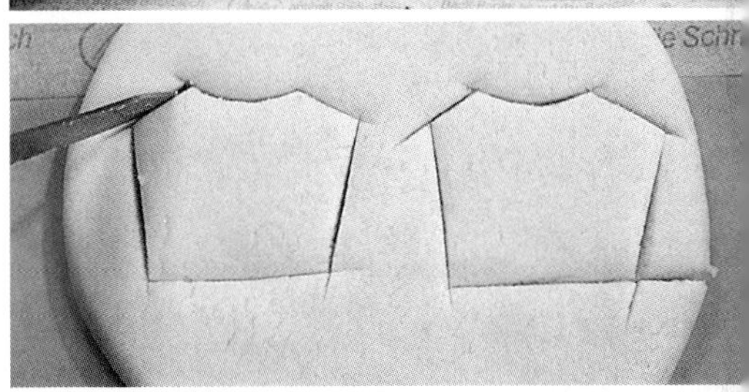

4. Die beiden Oberkörper in das Fenster einsetzen.
   Aus einer 1 cm dicken Rolle die Arme, wie auf der Abbildung gezeigt, abschneiden. Das eine Ende hat einen geraden, das andere Ende einen schrägen Schnitt.

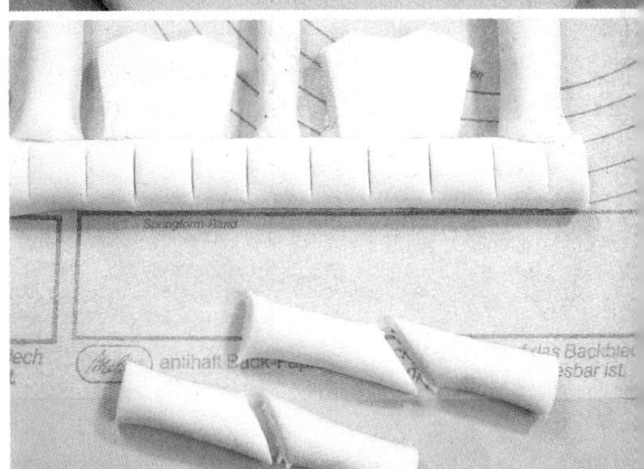

5. Arme mit der schrägen Schnittkante an den Schultern der Figuren andrükken und in Bogenform auf den Fenstersims legen. Der linke Arm des Opas liegt über dem Sims. Die Hände der Oma sind zwei kleine Kugeln, durch welche Zahnstocher als Stricknadeln gesteckt werden. Die linke Hand des Opas wird etwas flachgedrückt geformt.

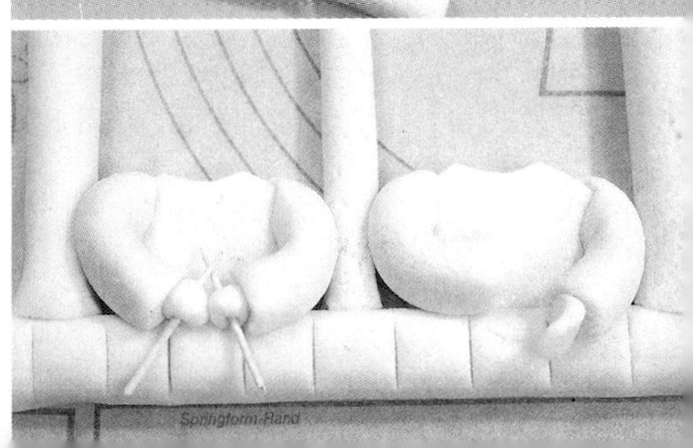

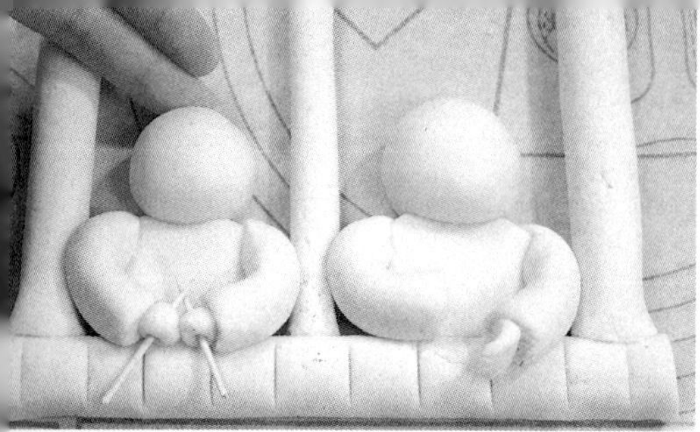

6. Für die Köpfe formt man zwei Kugeln, deren Oberfläche sehr glatt sein soll, um die Bemalung zu erleichtern. Beim Aufsetzen des Kopfes die Proportionen beachten.

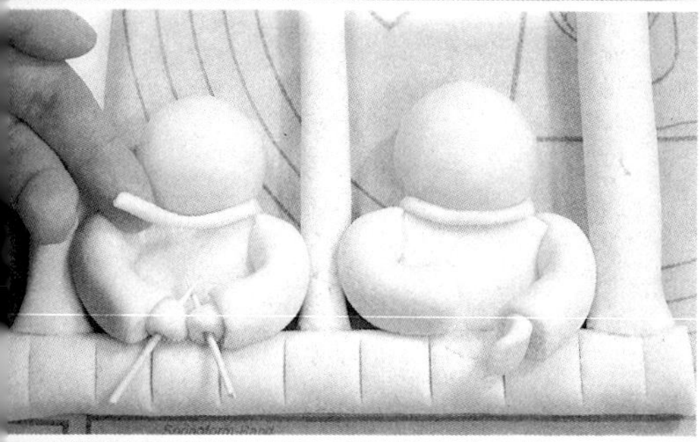

7. Um den Kopfansatz eine dünne Rolle als Halsband legen.

8. Bei der Oma, mit Hilfe eines Zahnstochers, eine kleine Kugel auf das Halsband drücken.
Teigstücke durch eine Knoblauchpresse mit dünnen Löchern drücken und daraus Frisur, Augenbrauen und Bart modellieren. Der Opa bekommt eine kleine Kugel als Nase.

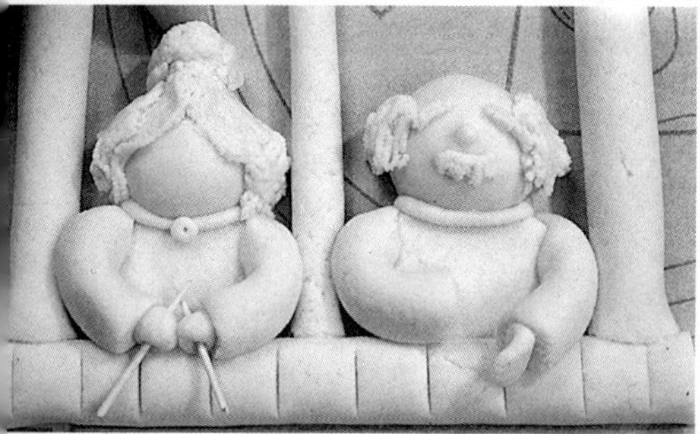

9. Die Frisur der Oma mit den Zeigefingern gut in die Stirn drücken. Anschließend den Dutt aufsetzen.

10. Für die Schulterflügel mit den Fingern zwei ovale, dünne Teigstücke formen und an der Schulternaht aufsetzen. Mit Daumen und Zeigefinger den Rand zu Wellen formen.

11. Aus einer sich verjüngenden Rolle, bei der das dicke Ende hochgehoben wird, die Pfeife modellieren.

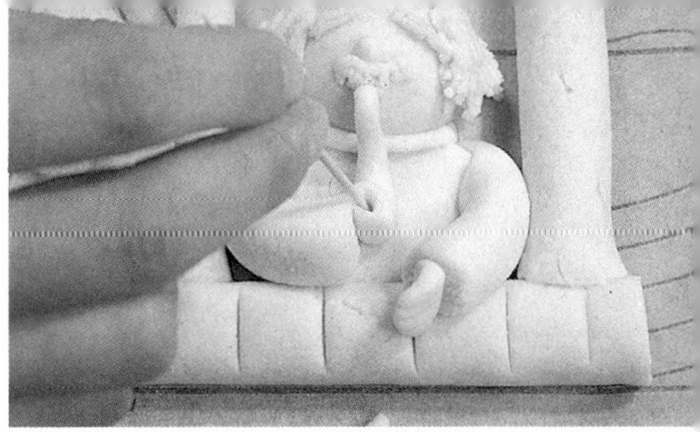

12. Die Pfeife unter dem Schnauzbart des Opas andrücken und in leichtem Bogen zum Ärmel führen. Unter den Pfeifenkopf eine flachgedrückte Kugel als Hand legen.

13. Aus würfelförmigen Salzteigstücken, die an der Vorderseite mit dem Messer eingeritzt werden, zwei Blumentöpfe formen. Nach dem Andrücken auf dem Fenstersims mit einem Zahnstocher ein nicht zu kleines Loch einstechen (zum späteren Einkleben der Blumen).

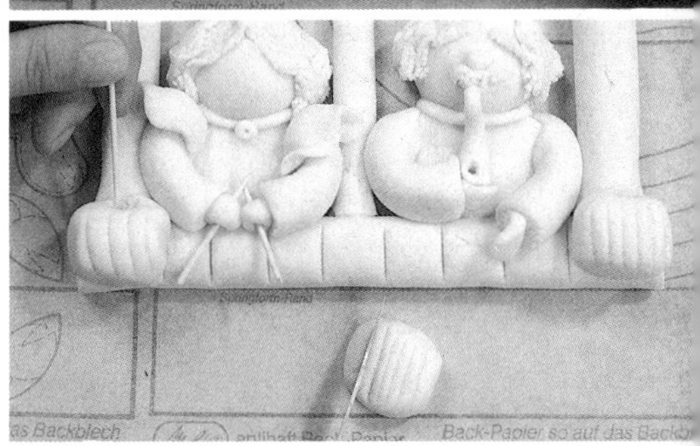

14. Die Fensterholme auf gleiche Höhe abschneiden. Die abgeschnittenen Enden nicht weiterverwenden.

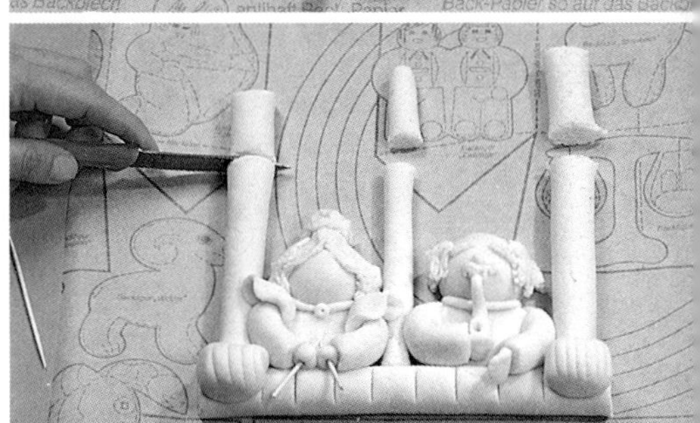

15. Über die Fensterholme aus einer 1 cm Rolle einen Querriegel legen. Die Stoßstellen zuvor befeuchten und dann gut andrücken.

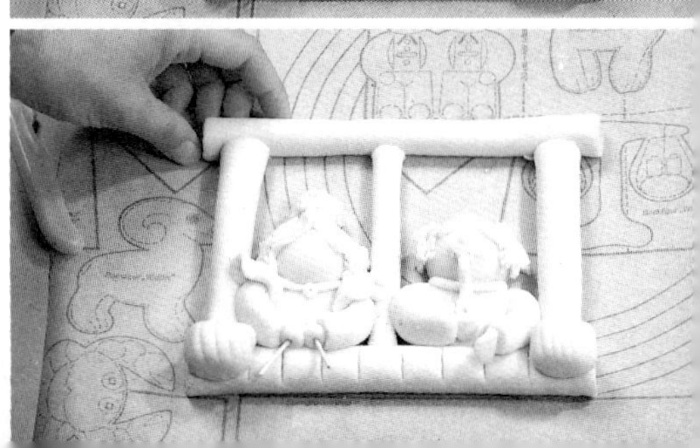

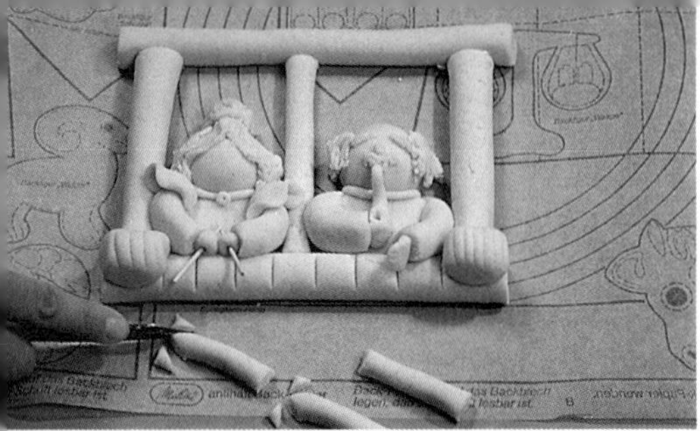

16. Für die Dreiteilung des Fensterbogens aus einer 0,5 cm dicken Rolle drei gleich lange Stücke schneiden. An zwei Rollen ein spitzes Ende schneiden. Die ungespitzte Rolle in der Mitte senkrecht anlegen und die beiden anderen mit der Spitze voraus rechts und links einschieben. Eventuell nochmals die Länge korrigieren.

17. Den Fensterbogen aus einer 1 cm dikken Rolle formen und, wie die Abbildung zeigt, anlegen. Alle Berührungspunkte anfeuchten und gut aneinanderdrücken.

18. Den Bogen mit dem Messer leicht einkerben. Aus einer dünnen Rolle eine Schlaufe formen und als Aufhänger unter den Bogen schieben.

19. Das Fenster kann nun mit Katzen und Vögeln geschmückt werden. Modellierhinweis Seite 9, Abb. 22.

20. Nach dem Backen wird das Fenster übergrillt. Dazu werden alle Teile, die hell bleiben sollen, mit Alufolie abgedeckt. Siehe Hinweis „Grillen" Seite 3. Um dem Fenster eine bessere Stabilität zu geben, werden nach dem Bräunen alle Stoßstellen von hinten mit einem Zweikomponentenkleber (z. B. Stabilit-express) gut verklebt.

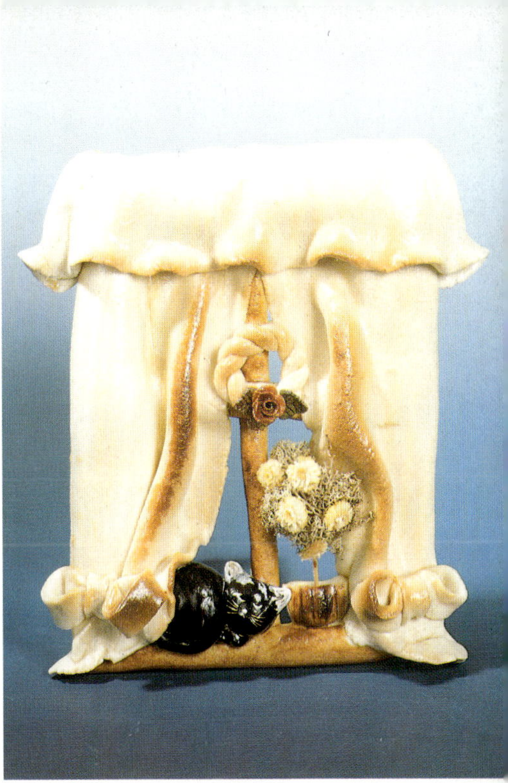

Märchenstunde
bei Oma

Schritt-für-Schritt – Oma im Sessel

1. Für die Oma im Sessel schneidet man aus einer 0,5 cm dick ausgewellten Teigplatte die Rückenlehne des Sessels. Die Sitzfläche wird aus einer 2 cm dicken Rolle geschnitten, der Rand der Rückenlehne besteht aus einer 0,5 cm dicken Rolle.

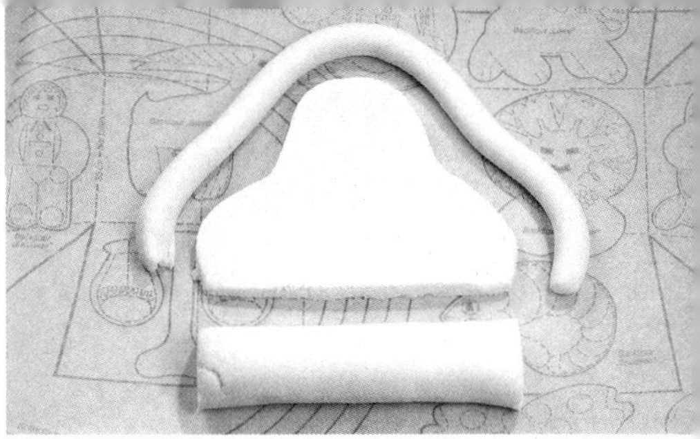

2. Alle Teile, wie die Abbildung zeigt, aneinander drücken und mit einem Messer die Sitzfläche nach unten hin einkerben.

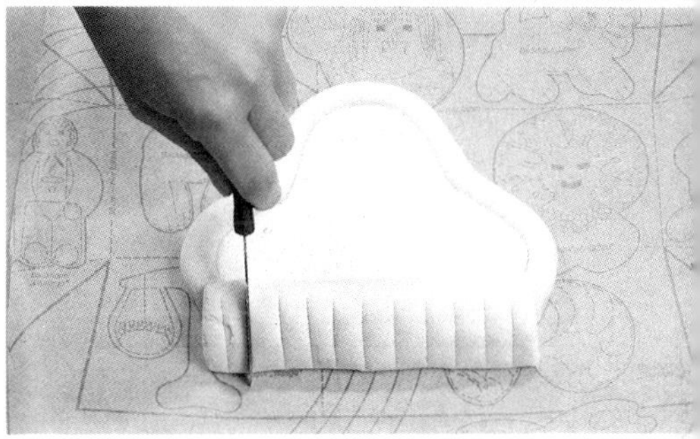

3. Die Armlehnen formt man aus einer kurzen, unter 45° geteilten, 2 cm dicken Rolle. Nach dem Aufsetzen drückt man mit dem Messer ein kreuzförmiges Muster ein. In die Mitte setzt man ein kleines Kügelchen.

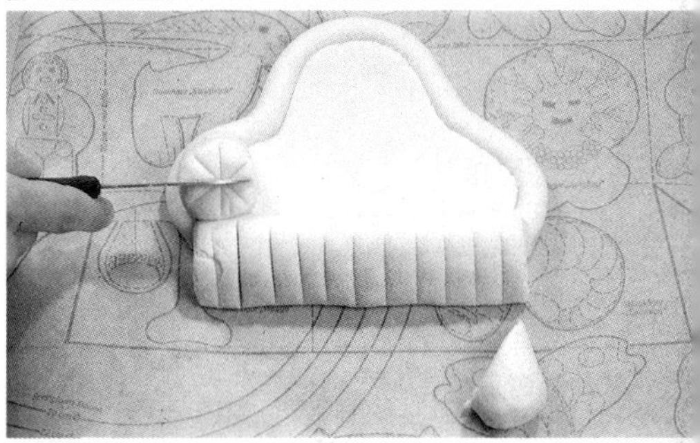

4. Aus einem 1 cm dick ausgewellten Teigstück den Oberkörper der Oma ausschneiden und auf die Rückenlehne legen. Ein längliches, dickeres Teigstück wird als Unterbau der Decke wie abgebildet aufgelegt.

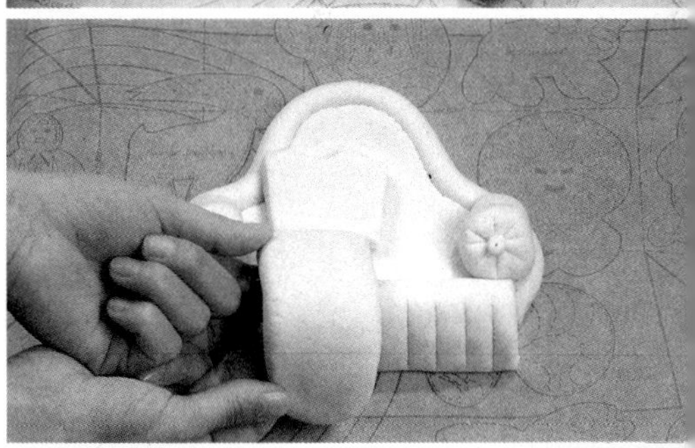

5. Ebenfalls aus einem 1 cm dick ausgewellten Teigstück eine Decke schneiden.

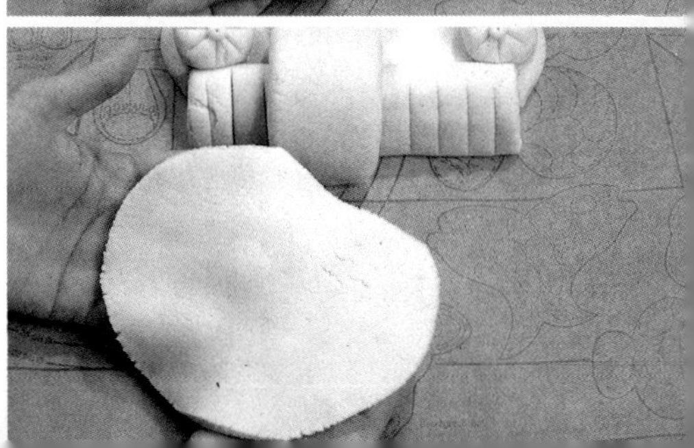

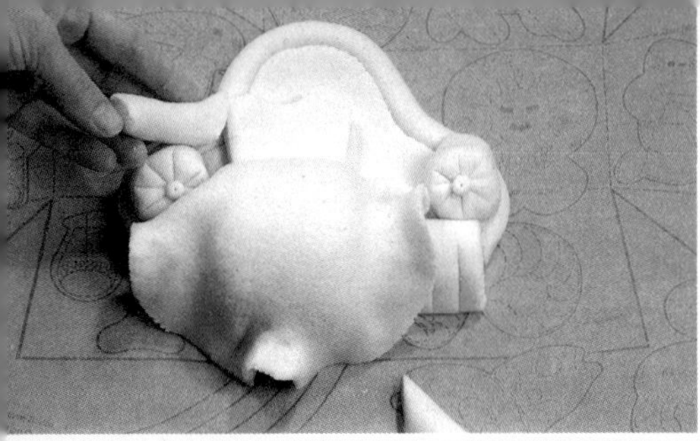

6. Die Decke mit leichtem Faltenwurf auf den Unterbau der Oma legen. Aus einer 1 cm dicken Rolle die Arme der Oma schneiden.

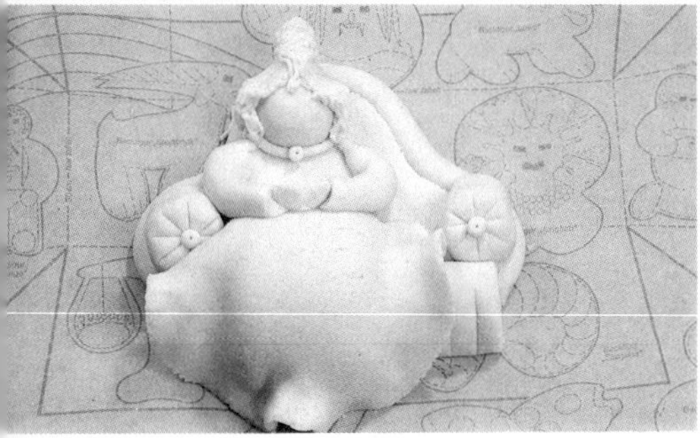

7. Jetzt wird die Oma wie in der Schritt-für-Schritt-Folge „Oma und Opa im Fenster“, Seite 22, Abb. 5 bis 10, komplettiert.

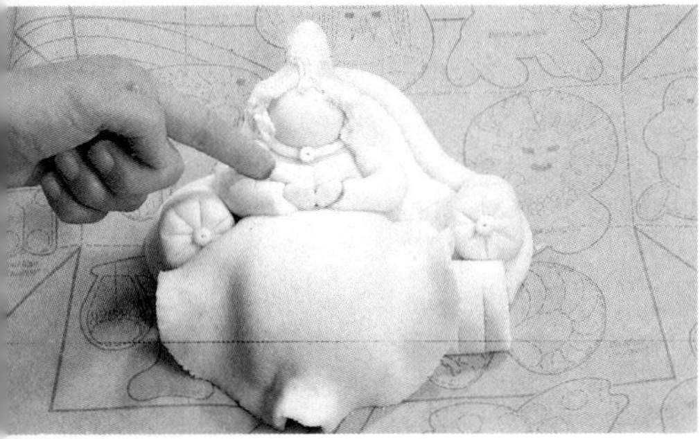

8. Anstelle eines Strickzeugs bekommt die Oma ein Buch in die Hände.

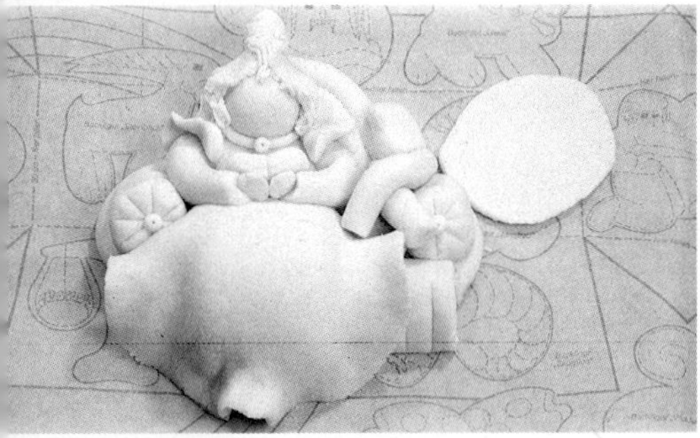

9. Jetzt wird das erste Enkelkind zur Oma modelliert. Zwei kleine Rollen für die Beine formen, beim Aufsetzen übereinander legen. Für den Oberkörper eine kleine flachgedrückte Kugel aufsetzen. Eine dünne Teigplatte als Kleidchen wird schwungvoll über die Beine gelegt.

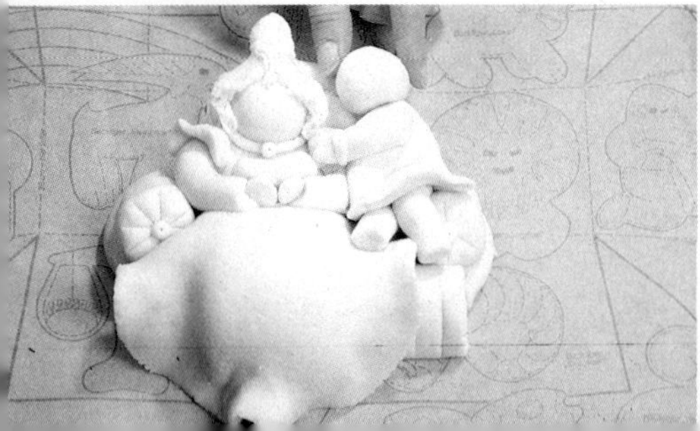

10. Der Kopf entsteht aus einer kleinen Kugel, der Arm aus einer dünnen Teigrolle, die an einem Ende schräg abgeschnitten wird. Als Hand ein Kügelchen ansetzen.

11. Nach dem Aufsetzen der Haare, werden aus kleinen Teigstückchen Schleifen geformt und auf die Haare gesetzt. An die Beine kleine ovale Teigstücke als Schuhe ansetzen.

12. Zwei Rollen als Beine des zweiten Enkels auf die Decke, wie abgebildet, auflegen.

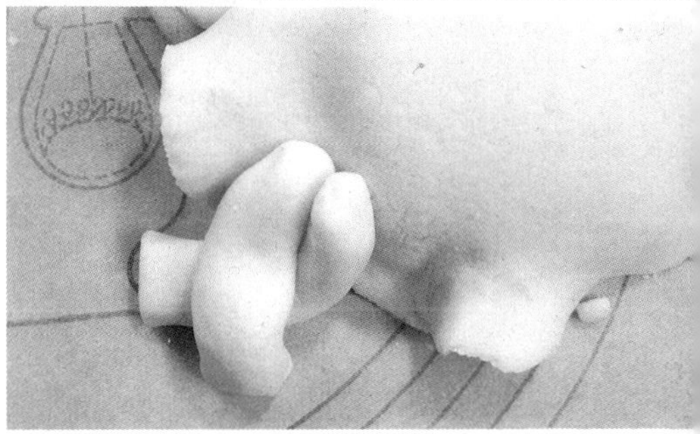

13. Den kleinen Pulli und die Schuhe ansetzen.

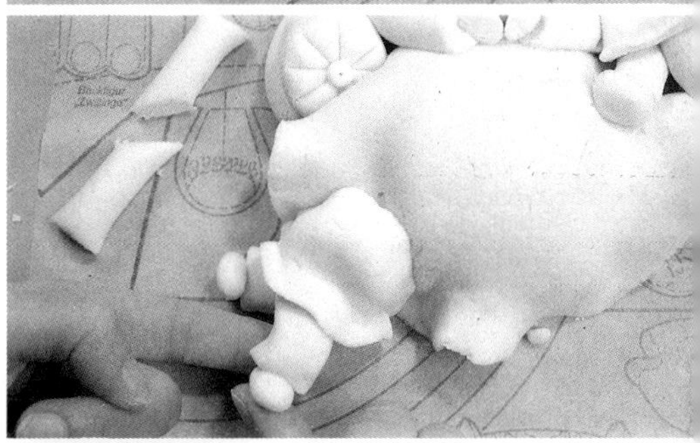

14. Die Arme, den Kopf und die Haare anmodellieren.

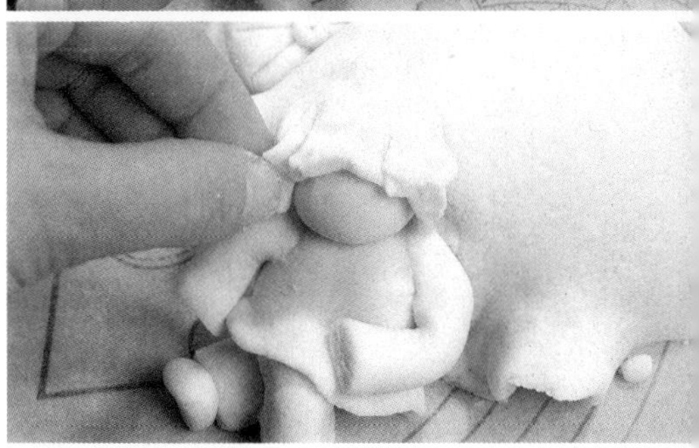

15. Für die Hände werden zwei kleine Kugeln angedrückt. In die linke Hand bekommt der Junge einen Lolly. Dazu steckt man ein kleines Stück eines Zahnstochers in die Hand und setzt eine kleine Salzteigkugel darauf. Zum Schluß werden zwei kleine Blumentöpfe und eine Katze auf die Decke gesetzt.

Markttag

Ein kleines Mädchen zieht seinen Blumenwagen zum Markt.

Marktszenen

Beim Marktstand mit Schirm wird aus einem ausgewelltem Teigstück die entsprechende Form ausgeschnitten. Zwei dünnere Teigrollen dienen rechts und links als Schirmständer. Sie werden unter den Schirm geschoben und angedrückt. Danach die Struktur in den Schirm eindrücken. Die Figur unter den Schirm stellen, die Tischplatte und den Boden, die ebenfalls aus einer Rolle entstehen, ansetzen. Zum Schluß werden die Blumenkübel geformt und aufgesetzt. Um die Blumen nach dem Lackieren des Teiles ankleben zu können, werden an den entsprechenden Stellen mit Hilfe eines Zahnstochers Löcher eingedrückt. Beim Aufsetzen der einzelnen Teile alles gut anfeuchten und andrücken, damit sich die Verbindungen nicht wieder lösen können. Die verschiedenen Brauntöne werden durch Übergrillen erreicht.

Clownerien

Clowns und Harlekine übten schon immer auf die Menschen eine starke Faszination aus. Vielleicht liegt es an ihrer Ausstrahlung, oder ihrer Fröhlichkeit mit oft trauriger Miene.

Es umgibt sie etwas Geheimnisvolles. Sie lassen Kinderherzen höher schlagen und sagen den Erwachsenen – lacht mal wieder.

Der Florentiner

1. Zur optimalen Herstellung von Hüten benötigt man eine Unterform. Für diese Unterform sticht man aus einer 1 cm dick ausgewellten Teigplatte, mit dem Rand einer Springform, ein rundes Stück heraus.

2. In die Mitte setzt man eine Halbkugel.

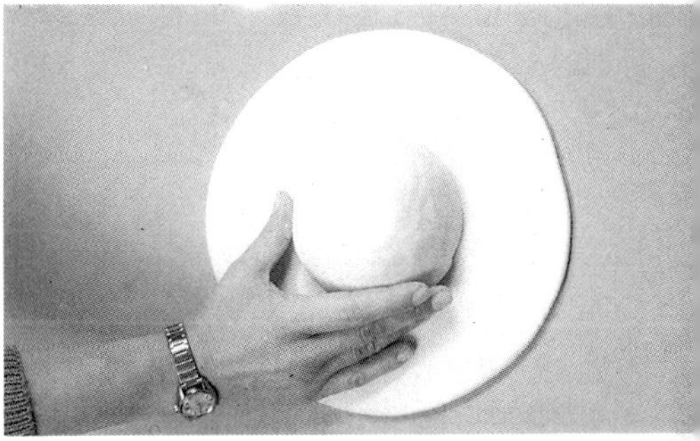

3. Unter den Hutrand schiebt man in gleich großen Abständen Salzteigwürste.

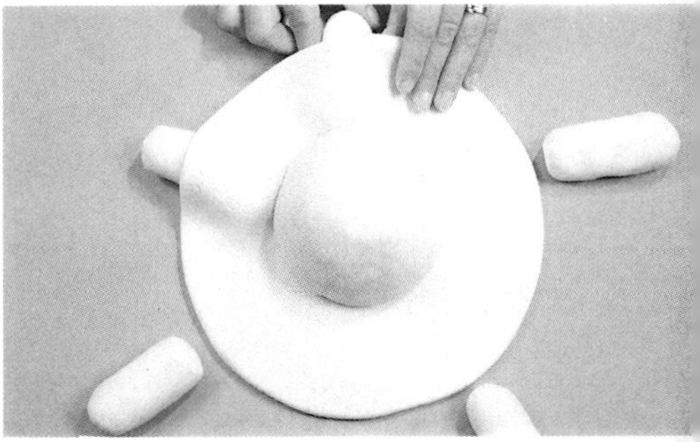

4. Danach werden die Überstände abgeschnitten. Die Unterform ist fertig und kann gebacken werden. Durch die besondere Dicke des Mittelstücks ergibt sich eine lange Backzeit.

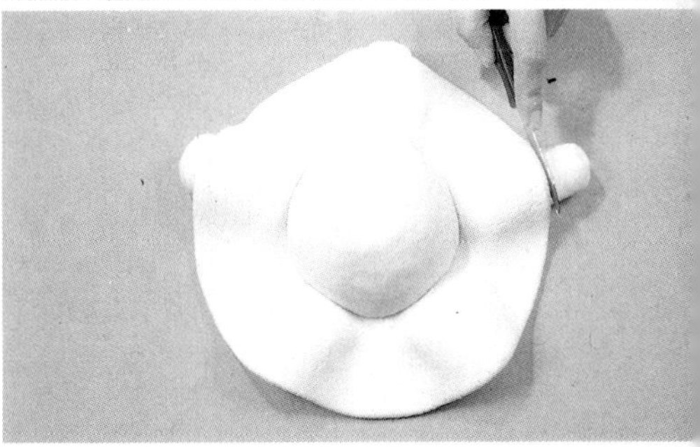

5. Um die Unterform zu isolieren, überzieht man sie nach dem Backen mit Alufolie. So ist sie für viele Hüte verwendbar.

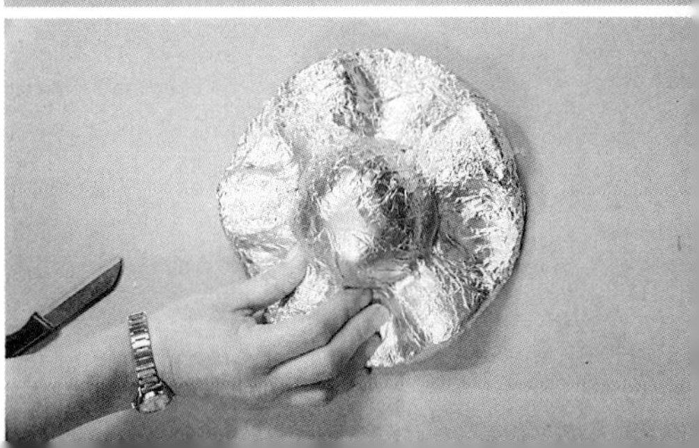

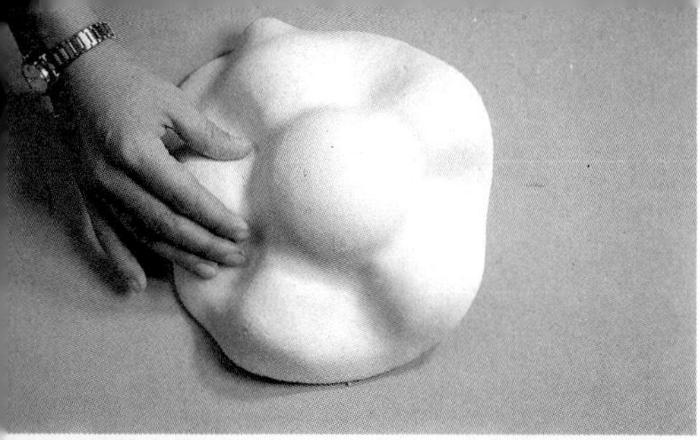

6. Über diese Unterform legt man nun ein neu ausgewelltes Teigstück.

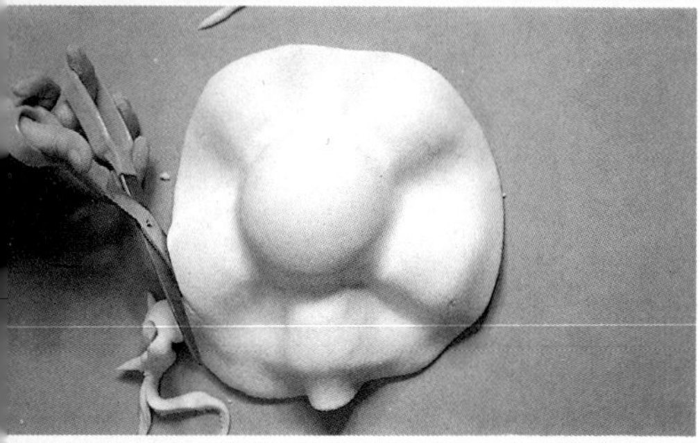

7. Den überstehenden Rand beschneidet man mit einer Schere. Die Teigplatte darf nicht über die Unterform hinausragen, da sie sich sonst nicht vom Unterbau abheben läßt.

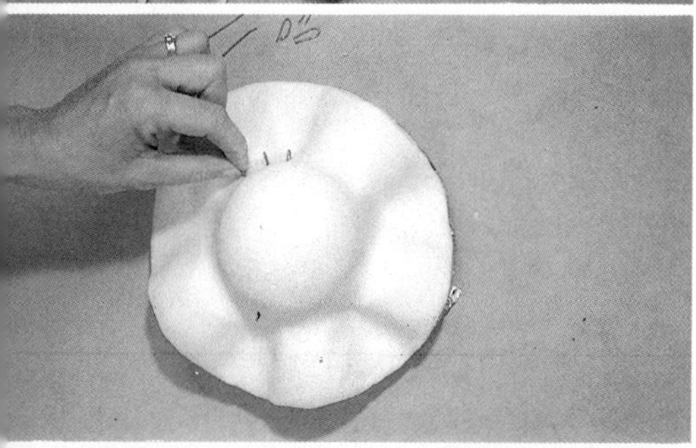

8. Um später die Trockenblumengarnitur befestigen zu können, werden wie in der Abbildung gezeigt, kleine gebogene Blumendrähte in den Teig gesteckt.

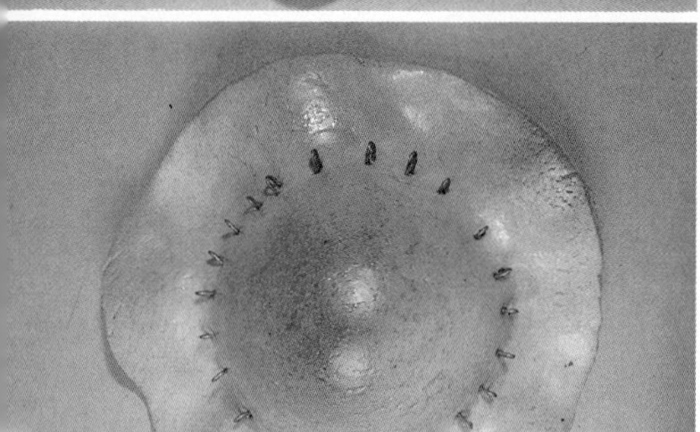

9. Der Hut muß, um Risse zu vermeiden, anfangs bei 50° C und später bei 100° C gebacken werden. Nach dem Backen wird er ohne Bestreichen gegrillt und anschließend zweimal lackiert.

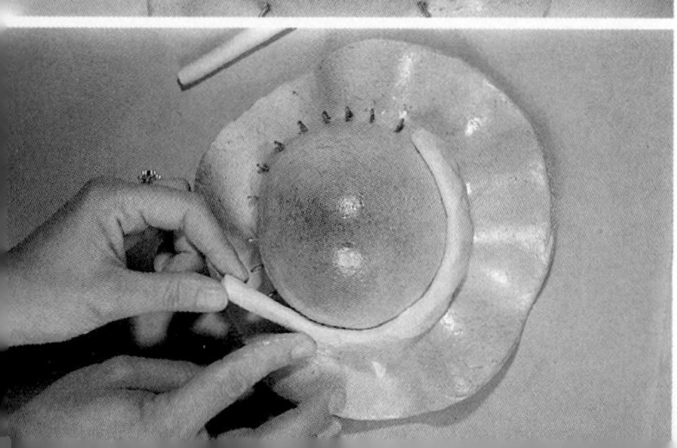

10. Um die Drahtschlaufen wird nun Knety oder Plastilin gedrückt.

11. Mit Stecknadeln befestigt man kleine Moosstückchen an der Knetmasse.

12. Zwischen das Moos steckt man Trokkenblumen.

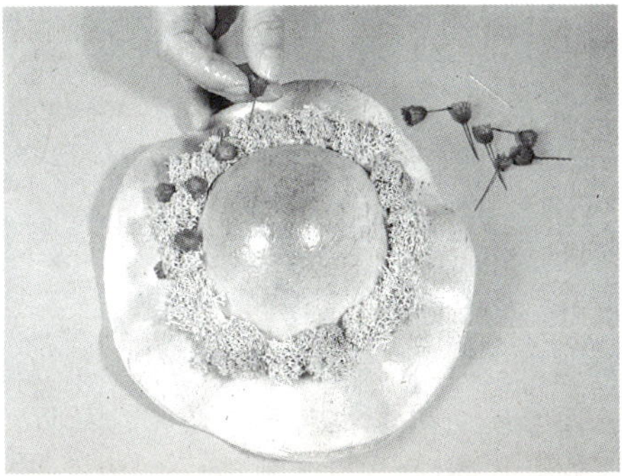

13. Zum Schluß verziert man den Hut mit kleinen Eicheln, Drahtperlen und Samtschleife.

Es gibt viele Möglichkeiten einen Hut zu verzieren.

Die hier abgebildete Variante zeigt eine bemalte Salzteiggarnitur. Auch unbemalt, also nur gebräunt würde dieser Hut sehr apart aussehen. Der Vielfalt sind keine Grenzen gesetzt.

Korbvariationen

Ein beliebtes und immer wieder gefragtes Salzteigmotiv sind Körbe. Ob naturbelassen, bemalt oder mit getrockneten Korn-Ähren versehen.

Beim Modellieren eines Korbes beginnt man mit dem Korbunterteil, dem man mit einem Messer oder mit zwei Gabeln Struktur verleiht. Danach wird aus zwei gedrehten Rollen der Henkel angesetzt. Aus einer ausgewellten Teigplatte schneidet man mit dem Messer die Blätter aus und kerbt sie ein. Je nach Variante werden nun die Blätter, Früchte, Rosen oder Brötchen aufgesetzt. Für ein Trockengesteck sticht man mit einem Zahnstocher Löcher in den Teig. Nach dem Backen und Lackieren werden in diese Löcher die Trockenblumen oder Ähren eingeklebt.

Der Adventskranz, das Prachtstück am vorweihnachtlichen Kaffeetisch. Zu schade, um nur in der Weihnachtszeit bewundert zu werden. Durch eine kleine Veränderung wird aus einem Adventskranz ein Gebäckkranz für das ganze Jahr. Dies geschieht, indem man über drei Kerzennägel kleine Knetkügelchen schiebt und daran passende, extra gebackene, Brezeln aufsetzt. Am vierten Kerzennagel befestigt man eine Samtschleife und erhält auf diese Weise einen Wandschmuck.

Wie findet man neue Ideen.

Kreativität ist keine angeborene Fähigkeit. Sie ist erlernbar. Wer aufmerksam seine Umgebung beobachtet, wird überall etwas entdecken, was sich lohnt, festgehalten zu werden. So entstand auch die Salzteigszene, bei der Kinder „Blinde Kuh" spielen. Unsere Idee, Fenster aus Salzteig herzustellen, bekamen wir durch die vielen, kleinen Papierfenster, die es überall zu kaufen gibt. Auch in Kinderbüchern und auf Einladungskarten für Kindergeburtstage lassen sich nette Anregungen finden.
Viel Spaß bei der Arbeit mit Salzteig und gutes Gelingen Ihrer eigenen Werke wünschen Ihnen

Iris Buresch und
Heide Psotka